Die Subjektivität der physikalischen Erkenntnis und die psychologische Berechtigung ihrer Darstellung

Rede bei Übergabe des Rektorates der Königlichen Albertus - Universität in Königsberg i. Pr. am 12. April 1908

von

Paul Volkmann

Leipzig
Verlag von Veit & Comp.
1908

Die Subjektivität der physikalischen Erkenntnis und die psychologische Berechtigung ihrer Darstellung

Rede bei Übergabe des Rektorates der Königlichen Albertus - Universität in Königsberg i. Pr. am 12. April 1908

von

Paul Volkmann

Leipzig
Verlag von Veit & Comp.
1908

Aus dem siebenten Band
von
Ostwalds Annalen der Naturphilosophie
abgedruckt

Hochansehnliche Versammlung! Kollegen! Kommilitonen!

Zu meinen letzten Pflichten als zeitiger Prorektor[1] gehört nach den Statuten unserer Hochschule die Übergabe des Rektorates, welche der abgehende Rektor oder Prorektor durch eine Rede zu eröffnen hat. Nach den akademischen Gepflogenheiten hat diese Rede in Beziehung zu den besonderen Arbeitsgebieten des Einzelnen zu stehen. Da will es mir denn als dankenswerte Aufgabe erscheinen, einen Rückblick auf die Anschauungs- und Darstellungsweisen der hinter uns liegenden Entwicklungs-Epochen der physikalischen Wissenschaft insbesondere des letzten Jahrhunderts zu werfen, um ihm gewisse Anregungen für ein mehr philosophisches Gebiet zu entnehmen, das mich als Physiker von jeher stark gefesselt hat: ich meine das Gebiet der Erkenntnistheorie, soweit die von mir vertretene Disziplin dazu Beiträge zu liefern in der Lage ist.

Sie bemerken wohl die Beschränkung, die ich gleich bei Beginn meiner Rede mir aufzuerlegen gewillt bin. In der Tat kann eine solche Beschränkung den Wert der hier anzustellenden Betrachtungen nur erhöhen. Fragen, wie die hier zu erörternden, können eben nur von einem speziellen Fachmann behandelt werden. Indem ich diese Behauptung aufstelle, höre ich Einwendungen, daß es eben der Fluch des naturwissenschaftlichen

Spezialistentums gewesen ist, welcher die Menschheit von der Behandlung allgemein philosophischer Fragen abgelenkt hat — Fragen, denen nie entsagt werden darf.

Diesen Einwendungen stelle ich die Behauptung gegenüber, daß es eben der Segen der Naturwissenschaften gewesen ist, wieder zu allgemein philosophischen Fragen — allerdings von einer anderen Seite her — zurückgeführt zu haben. Ich befinde mich da in erfreulicher Übereinstimmung mit dem Philosophen C. Stumpf — uns Königsbergern von seiner Teilnahme an der Säkularfeier zu Kants Todestag noch in freundlicher Erinnerung — der in seiner Berliner Rektoratsrede[2] den Aufschwung der Philosophie in der zweiten Hälfte des 19. Jahrhunderts von Lotze und Fechner an rechnet.

„Die Kräfte — sagt Stumpf — wodurch sie Neues und Lebensfähiges schufen, erwuchsen dem Mediziner Lotze, dem Physiker Fechner aus einer fachmännischen naturwissenschaftlichen Bildung. Beide versuchten diese Kenntnisse mit entscheidendem Erfolge dem der Naturwissenschaft zunächst liegenden Gebiete dienstbar zu machen, der von Kant bis Hegel vernachlässigten Psychologie. Den Positivisten kann man Lotze ebenso wenig wie den phantastischen Fechner beizählen. Wahr ist es nur, daß die Wurzeln ihrer Kraft in der von ihnen selbständig weitergeführten und seither noch so viel reicher entwickelten empirischen Disziplin liegen. Von hier aus, also von einer in naturwissenschaftlichem Geiste betriebenen Psychologie kam neues Leben in die Philosophie“.

Ich würde mich aber offenkundigen Mißverständnissen aussetzen, wollte ich nicht noch zwei Bemerkungen hinzufügen:

Es liegt mir einmal nichts ferner, als der Auffassung in die Hände arbeiten zu wollen, die Philosophie als solche den Naturwissenschaften zu überliefern. Ich stimme allerdings ganz Stumpf zu, wenn er sagt: „Ich möchte vor allem für wichtig halten, daß der Philosoph irgendein Handwerk gelernt und geübt hat, d. h. sich auf irgendeinem konkreten Gebiete, sei es nun der Geistes- oder der Naturwissenschaften selbsttätig versucht hat. Er muß die Leiden und Freuden der Einzelforschung am eigenen Leibe kennen gelernt, er muß durch positive Leistungen sich das Recht, mitzureden erkämpft haben, und er muß die Sprache der Wissenschaft beherrschen, die er zu meistern gedenkt.“ Dabei will ich die von Stumpf aufgeworfene Frage: „ob der Philosoph seinen

Ausgang zweckmäßiger von den Naturwissenschaften oder von den Geisteswissenschaften nehme", weniger in den Vordergrund gerückt sehen, aber ich betone mit Stumpf: „Ein anderes ist die zweckmäßigste Grundlegung, ein anderes die Durchführung philosophischer Untersuchungen." Dazu reicht Naturwissenschaft ebenso wenig wie eine der Geisteswissenschaften als solche aus.

Ich möchte sodann zweitens diesem Standpunkt noch eine Beschränkung auferlegen und damit noch nach einer anderen Seite vor Mißverständnissen schützen: Die Kräfte, welche dem Philosophen an einer fachmännisch wissenschaftlichen Bildung einer Disziplin erwachsen möchten, sollen lediglich zur Durchführung philosophischer Untersuchungen ihre Verwertung finden. Es hieße aber diese Kräfte überschätzen, wollte man sie als ausreichend erachten, um mit der fachmännischen Bildung einer Spezialdisziplin andere Spezialdisziplinen meistern zu können.

Es hat z. B. nach meiner Erfahrung keine allzugroße Bedeutung, wenn W. Wundt in seiner Logik und auch sonst in seinen logisch erkenntnistheoretischen Schriften axiomatische Fragen für die einzelnen mathematischen und naturwissenschaftlichen Disziplinen der Reihe nach durchgeht. Wenn der Ausgangspunkt der wissenschaftlichen Tätigkeit Wundts in der Physiologie lag, also in einer der naturwissenschaftlichen Disziplinen, so erscheint es bei der Beschränktheit der menschlichen Fähigkeiten doch nahezu ausgeschlossen, daß ein Mann einen gleich tiefen Einblick in die Mannigfaltigkeit der mathematischen und naturwissenschaftlichen Disziplinen tun könnte, um ihn zu befähigen, andere mit Vorteil über logische und erkenntnistheoretische Grundfragen aller einzelnen Disziplinen zu belehren und zu unterrichten. Ich muß wenigstens für mich gestehen, daß ich alles das, was Wundt über logische und axiomatische Fragen der Physik beibringt, weder für erschöpfend noch für besonders charakteristisch und wesentlich halten kann.

* * *

Ehe ich nun meinen Gegenstand aufnehme, wird es zweckmäßig sein, sich über gewisse Bezeichnungsweisen zu verständigen. Ich will dabei von der Tatsache ausgehen, daß die physikalische Forschung ebenso ein Objekt hat, welches erforscht werden soll, wie ein Subjekt, welches die Forschung anstellt — von der Tatsache, daß die Erforschung eines Objekts nicht losgelöst werden kann von dem Subjekt, welches forscht.[3]

Es handelt sich lediglich um eine andere Ausdrucksweise eines wohl zuerst von H. Hertz ausgeführten Gedankens, daß wir in unserer Naturerkenntnis über eine Abbildung der Wirklichkeit eigentlich niemals hinauskommen oder hinauskommen können.[4] Ein Bild — besonders wenn es Kunstwert hat — wird aber stets eine subjektive Auffassung des Abzubildenden wiedergeben.

In diesem Sinne sei denn die Frage der Subjektivität der physikalischen Erkenntnis und Forschung der Gegenstand unserer Betrachtung.

Beide Standpunkte, der objektive und der subjektive werden in gewissem Sinne als wohlbekannt hingestellt werden können — so bekannt, daß man es vielleicht nicht für nötig erachten möchte, von ihnen überhaupt zu reden. Aber darin besteht gerade eine der Hauptforderungen der Erkenntnis: keinen Gegenstand als so bekannt hinzustellen und zu erachten, daß er nicht einer besonderen Untersuchung und Betrachtung bedürftig wäre. Gerade das Bekannteste wird ganz besonders eine genaue Untersuchung und Darstellung erfordern, weil hier gerade am leichtesten über Momente hinweggegangen werden kann, welche für die in Betracht kommenden Fragen sich als am ausschlaggebendsten erweisen möchten.

Auf der anderen Seite höre ich die erstaunte Entgegnung, daß es ja gerade Aufgabe der Wissenschaft ist, das Objekt der Forschung loszulösen von dem Subjekt, welches die Forschung anstellt, daß die Wissenschaft der Objektivität der Behandlung ihrer Objekte gerade ihr ganzes Ansehen und ihre ganze Macht verdankt, daß die Subjektivität eben das Moment ist, welches die Forschung zu meiden hat. Ich höre die bekannte Forderung von der Voraussetzungslosigkeit der Forschung.[5]

Es handelt sich — wohlgemerkt — hier um eine Subjektivität in des Wortes bester, edelster Bedeutung. Wenn ein lateinisches Sprichwort besagt: „Nil humani me alienum", so gilt das auch von der Forschung. Man hat vom Anthropomorphismus der Forschung in ablehnendem Sinne gesprochen,[6] — ich sage: die Forschung wird und muß bis zu einem gewissen Grade stets anthropomorph bleiben, weil sie eben der Mensch anstellt. „Die Sinne sind die Eingangspforten der Erkenntnis", sagt der jüngst heimgegangene Physiker Lord Kelvin (W. Thomson), damit wird ganz treffend ein subjektives Moment der physikalischen Forschung gekennzeichnet.

Es empfiehlt sich vielleicht hier noch zwischen „subjektivistisch" und „subjektiv" zu unterscheiden, wenn ich mit subjektivistisch einen übertriebenen, mit wissenschaftlichen Grundsätzen nicht zu vereinbarenden Subjektivismus bezeichne, dem die Berührung und Durchdringung mit dem Objekt fehlt.[7] Ich reserviere damit die Bezeichnung „subjektiv" für den im Rahmen der Wissenschaft durchaus berechtigten Subjektivismus, der sich klar ist, daß er das Objekt zu durchdringen hat, daß er das Studium auf die mannigfaltigsten Äußerungen des Objekts in der Erscheinungswelt auszudehnen hat.

* * *

Nach diesen Vorbemerkungen will ich zunächst von der Eigenart der physikalischen Behandlung und Darstellung in Form und Anschauung sprechen, welche gewissen Zeiten und gewissen Nationen eigen erscheint.

Es ist neuerdings üblich geworden, Ausdrucks- und Betrachtungsweisen früherer Zeiten unter dem Gesichtspunkt der Hemmung physikalischen Fortschritts zu betrachten. Auf der einen Seite wird sich allerdings nicht leugnen lassen, daß die Leitmotive der hinter uns liegenden Entwicklung, im Lichte der Gegenwart betrachtet, zum Teil durch Auffassungen getragen erscheinen, denen der weitere Fortschritt der Erkenntnis eine tiefere Berechtigung versagt hat. Auf der anderen Seite wird sich aber ebensowenig bestreiten lassen, daß jene Leitmotive der zeitgenössischen Erkenntnis erhebliche Anregungs- und Bereicherungsmomente zuführten.

Sollen wir uns nun auf Grund dieser im Gebiet der Physik immer von Neuem sich aufdrängenden Erfahrung der Auffassung hingeben: die Grundsätze, nach denen wir gegenwärtig das Wachsen der Erkenntnis fortschreiten sehen, hätten den Grad der Objektivität erreicht, der so häufig mit dem Brustton einer durch wissenschaftlichen Betrieb erworbenen Überzeugung und gereiften Lebenserfahrung in Anspruch genommen wird? Sollen wir nicht vielmehr so aufrichtig sein, auf den berechtigten Anteil der Subjektivität als Träger der Erkenntnis hinzuweisen, von dem wir hoffen können, daß er auch weiter mannigfache Anregungen der

Aufdeckung von Tatsachen zuführen wird — und darauf kommt schließlich doch Alles an.

Die Physik ist in der Aufrichtigkeit der Äußerungen über den wahren Betrieb wissenschaftlicher Forschung schon häufig ihren anderen naturwissenschaftlichen Schwesterdisziplinen vorangegangen — ich gedenke noch mit Vergnügen aus meiner Studienzeit des großen Einflusses, durch den Kirchhoffs Auffassung von der Beschreibung der Mechanik die landläufige Auffassung einer angeblichen Naturerklärung verdrängte. Sollte heute nicht ähnlich die bewußte Pflege einer psychologisch berechtigten Subjektivität einen größeren Anspruch an Aufrichtigkeit aufweisen, als der ebenso bewußte Versuch ihrer systematischen Unterdrückung? Und wo könnte dieser Pflege ein sicherer Rückhalt zu Teil werden, als in dem Studium der Geschichte der Wissenschaft?

Die für unsere Fragen ergiebigen Studien beginnen fruchtbar zu werden, wenn wir an den Zustand der Physik vor 200 Jahren anknüpfen, an die Epoche, der physikalisch für lange Zeit Newton den Stempel seiner Persönlichkeit aufgedrückt hat. Meines Dafürhaltens finden gerade in Newtons Physik die subjektiven und objektiven Seiten der physikalischen Forschung in der angemessensten Form ihre Vereinigung. Die induktiven und deduktiven Seiten der Darstellung erscheinen hier als die ungezwungensten Träger der subjektiven und objektiven Denkweise in des Wortes bester Bedeutung. Ich will aber heute bei der Newtonschen Epoche nicht verweilen, bin ich doch vor zehn Jahren an anderer Stelle ausführlich darauf eingegangen.[8]

* * *

Ich will heute mehr an den Zustand der Physik vor 100 Jahren und an die daran schließende Entwicklung anknüpfen. Kann man im Hinblick auf den Einfluß des Newtonschen Systems sagen: Der Riesengeist Newtons gehört England und mit England der ganzen Welt, so muß man im Hinblick auf die Entwicklung der physikalischen Anschauungs- und Denkweise vor 100 Jahren zunächst eine erhebliche Abhängigkeit von Frankreich und seinen Physikern konstatieren. Diese Anschauungs- und Denkweise, die der weiteren Entwicklung auf mehrere Jahrzehnte ihr Gepräge verleiht, erscheint bedingt: durch die von den Franzosen ganz besonders stark aufgenommene Verknüpfung einer auf der realen Grundlage chemischer Erscheinungen aufgebauten Atomistik einerseits und einer insbesondere unter dem Einfluß von Laplace durch das Newtonsche Gravitationsgesetz genährten Vorstellung unvermittelter Fernwirkungen andererseits — einer Vorstellung, zu der sich Newton eigentlich kaum jemals bekannt hatte.[9]

Es handelt sich hier nicht um den Inhalt der Gesetze über die Kräfte der Natur, es handelt sich lediglich um die Anschauungs-, Denk- und Darstellungsform, welche als maßgebend allen einschlägigen Untersuchungen der damaligen Zeit zugrunde gelegt wird.

Rein äußerlich betrachtet, erscheint der französische Typus[10] der Darstellung überaus durchsichtig und klar — um so mehr, je länger er an durchgebildete Gewohnheiten anknüpfen kann: Voraussetzungen teilweise mathematischen Charakters finden ihre gesonderte, pointierte Zusammenstellung, sie fordern dazu auf, das Erscheinungsgebiet unter gewissen Gesichtspunkten anzusehen: als einen Summenkomplex von Elementarwirkungen. Eine beschränkte Auswahl von Experimenten, Fundamentalversuche, werden weiter der Darstellung vorweg zugrunde gelegt. Eine eigenartige Verknüpfung dieser Fundamentalversuche mit den an die Spitze gestellten Voraussetzungen bildet dann den Weg zur Aufstellung von Elementargesetzen. Das ist der Weg, auf dem Laplace zur Aufstellung eines elektromagnetischen, Ampère zur Aufstellung eines elektromagnetischen Elementargesetzes, F. Neumann zur Aufstellung eines Elementargesetzes der induzierten Ströme gelangt.

Die Darstellung erscheint — rein äußerlich genommen — allenthalben um so objektiver, je weniger im Einzelnen eine Analyse der Bestandteile der Voraussetzungen des Systems vorgenommen wird. Jede genauere Analyse würde nur geeignet erscheinen, den Schein der Objektivität zu trüben, jede genauere Analyse der einzelnen Voraussetzungen und ihre Verknüpfung mit den Fundamentalversuchen müßte Anlaß geben zu Erörterungen über die Herkunft gewisser Aussagen, die subjektiv erscheinen möchten und darum eben vermieden werden sollen. Mögen für den Versuch einer inneren Aneignung der Voraussetzung und ihrer Verwertung die ernstesten Zweifel auftreten, die Darstellung will solche Zweifel weder nähren noch zerstreuen — das muß der Einzelne mit sich abmachen. Diese Zweifel können auch zunächst um so mehr zurückgedrängt werden, je erfolgreicher sich der eingeschlagene Weg zu gestalten scheint. Der Erfolg, die Aufdeckung neuer Tatsachen und Erscheinungen sind es, die ohnehin das Interesse an Fragen über die Herkunft der Prämissen zurückdrängen.

* * *

Auf die Dauer läßt sich aber dieses Interesse nicht zurückdrängen. Es können geschichtlich zwei Momente nahmhaft gemacht werden, welche den Glauben an die Objektivität und damit an die ausschließliche Berechtigung des eingeschlagenen Weges und seiner Voraussetzungen erschütterten.

Das eine Moment besteht in dem Ergebnis der wesentlich deutschen Forschung eines Gauß und eines F. Neumann, nach der die elektromagnetischen und elektrodynamischen Wirkungen, einschließlich der Erscheinungen induzierter Ströme sich unter viel einfachere gesetzmäßige Ausdrücke zusammenfassen lassen, wenn man nicht auf die Wirkung von Stromelementen zurückgeht, sondern direkt an die Wirkung geschlossener Ströme anknüpft.[11] Dazu gesellt sich das weitere Ergebnis, daß die Frage nach der Elementarwirkung elektrischer Stromelemente einer vieldeutigen Beantwortung fähig ist;[12] der Begriff eines Stromelementes ist eben kein physikalischer, realer, sondern ein rein mathematischer, gedachter.

Das andere Moment, welches sich für die tatsächliche Entwicklung als besonders wesentlich und ausschlaggebend erweist, ist bedingt durch die Eigenart einer lange Zeit sich vollkommen abgeschlossen entwickelnden Physik Englands, die an die Forschung Faradays anknüpft. Faraday, vollkommener Autodidakt, ohne schulmäßige Vorbildung, hört die Vorträge Davys, faßt die vorgeführten Experimente in durchaus eigenartiger Weise auf, ohne sich die Erläuterungen und Ausführungen Davys aneignen zu können, schafft sich eigene wissenschaftiche Begriffe und Bezeichnungen, und diese befähigen ihn bald, von Entdeckung zu Entdeckung fortzuschreiten. An der Hand elektrischer Erscheinungen nimmt Faraday die von Newton erörterte Frage, wie scheinbar unvermittelte Fernwirkung zu stande kommt, wieder auf und beantwortet sie unter der bildlichen Vorstellung der Existenz eines elektrotonischen Zustandes — eines Zwangszustandes

des Zwischenmediums, welches scheinbare Fernwirkungen vermittelt.

Alle Entdeckungen Faradays sind mühsam erarbeitet, nicht zufällig, aber die Mitwelt nimmt Faradays Entdeckungen hin, ohne der eigentlichen Gedankenarbeit und Gedankenleistung Faradays Verständnis abzugewinnen. Faraday bedarf erst eines besonderen Interpreten, Cl. Maxwell, dem der Nachweis gelingt, daß Faradays Darstellung einer mathematischen Fassung im höchsten Grade fähig ist.

Das eigenartige Werk Maxwells über Elektrizität und Magnetismus ist vielfach besprochen. Hier nur soviel, daß es in Form und Darstellung so ziemlich das Gegenstück von dem zuvor geschilderten Typus französischer Bücher ist. Es stellt sich in mancher Hinsicht als eine überaus lose Aneinanderheftung einzelner in sich geschlossener Kapitel dar, die oft wenig oder gar nichts miteinander gemein haben, in denen alte überkommene Anschauungen der französischen und deutschen Physik mit neuen Anschauungen abwechseln, zu denen sich Maxwell durchzuringen bemüht, ohne die Klarheit zum Ausdruck bringen zu können, durch welche wir bei dem alten Typus der Darstellung verwöhnt waren.

In Maxwells Werk tritt uns eben ein vollkommen neuer Typus einer physikalisch wissenschaftlichen Darstellung entgegen, wie er gegenwärtig als der englischen Nation eigen bezeichnet werden kann — ein Typus, welcher uns vor Allem darauf aufmerksam macht, daß der alte französische Typus bei allem äußeren objektiven Anschein von einer objektiven Darstellung in des Wortes bester Bedeutung weit entfernt ist. Auch der englische Typus erscheint nicht objektiv — dazu wechselt schon viel zu häufig die Darstellung, aber der englische Typus beansprucht auch gar nicht objektiv zu sein, er will subjektiv sein, darin liegt geradezu seine Aufrichtigkeit. Durch seine aufrichtige Subjektivität regt er dazu an, die Objektivität der physikalischen Erkenntnis in einer Richtung zu untersuchen und aufzudecken, die in sich ein erhebliches wissenschaftliches Interesse beanspruchen darf, und die wir in ideeller Gestaltung vielleicht als psychologisch bezeichnen können.

Wenn ich als Physiker hier von der Psyche der physikalischen Erkenntnis und Forschung spreche, möchte ich nicht mißverstanden werden. Dem Physiker wie dem Naturforscher überhaupt sind eigentlich und sollen eigentlich Tatsachen Alles sein. Dazu gehört das Studium, wie diese Tatsachen gefunden sind, welche Methoden zur Aufdeckung dieser Tatsachen geführt haben. Aber sekundär berechtigt und für jede Erkenntnistheorie von Bedeutung sind auch die ferneren weiteren Fragen, welche uns hier beschäftigen: welche erkenntnisgemäßen Elemente in ihrer Trennung und in ihrer Vereinigung zusammenwirken, Tatsachen in ein geschlossenes wissenschaftliches System einzuordnen: welche Forderungen man an ein solches wissenschaftliches System überhaupt stellen kann: wie ein solches System überhaupt zu stande kommt.

Der englische Typus der Darstellung hat von diesem Standpunkt aus angesehen unzweifelhaft den Wert gehabt, uns die Augen darüber zu öffnen, daß der früher als Muster hingestellte französische Typus den höchsten Forderungen der Darstellung eines wissenschaftlichen Systems nicht genügt und nicht genügen kann. Ihm haftete der Mangel an, aus einzelnen Entwicklungselementen der Physik eine mehr zufällige, willkürliche Auswahl getroffen zu haben, die für eine erkenntnistheoretisch befriedigende, psychologisch wahre Grundlegung des ganzen Systems nicht immer zwingend und ausschlaggebend sein können. Die einseitige Verwertung der Atomistik und der Gravitationsvorstellung haben hier trotz aller Erfolge besonders die Rolle gespielt, der Physik vorübergehend ein eigenartiges, der Wirklichkeit nicht ganz angemessenes Kleid zu geben. So kam ein Mixtum Compositum einer nur scheinbar sehr objektiven Darstellung zu stande, die in Wirklichkeit durch eine ganze Reihe zufälliger Umstände und willkürlicher Gesichtspunkte bedingt erscheint.

Man hält es häufig für angemessen, den heuristischen Weg auf das ängstlichste zu verschleiern und sich lediglich darauf zu beschränken, eine fertige Arbeit als ein in sich geschlossenes Kunstwerk darzustellen; als klassisches Beispiel kann hier Gauß angeführt werden.[13] Aufgabe einer wissenschaftlichen Darstellung wird es aber sein müssen, die mannigfachen Elemente aufzudecken, die gerade für die Grundlegung einer Disziplin in Betracht zu ziehen sind. Es wird nicht von vornherein vorausgesetzt werden dürfen, daß diese Elemente einfacher Art sind, im Gegenteil, es wird eher angenommen werden müssen, daß sie zusammengesetzt sind: aus Bestandteilen der Erfahrung, aus Bestandteilen axiomatischen bezw. postulierenden Charakters, aus Bestandteilen, die logisch bewiesen werden können und müssen.[14] Für die Darstellung wird aber weiter verlangt werden müssen, daß die Zuordnung dieser erkenntnismäßig ganz verschieden liegenden Faktoren zum wissenschaftlichen System, als aus einer gewissen naturgemäßen Notwendigkeit folgend, ersichtlich erscheint. Diese Notwendigkeit muß zum Ausdruck gebracht werden, mag sie eine innere, mag sie eine äußere sein — bedingt durch die Eigenart des menschlichen Verstandes, der menschlichen Fähigkeiten und Vermögen einerseits — durch die Eigenart der äußeren Wirklichkeit andererseits. Damit ist aber wieder hingewiesen auf die subjektiven und objektiven Seiten der physikalischen Erforschung.

Ich sage noch einmal, ich will eine solche erkenntnismäßige Auseinandersetzung im Rahmen der physikalischen Wissenschaft nicht überschätzen, aber geleistet muß sie einmal werden. Diese Leistung wird jedenfalls ein besonderes philosophisches Interesse beanspruchen dürfen. Wenn ich vorhin von einem französischen und von einem englischen Typus physikalischer Darstellungen gesprochen habe, so wäre meines Dafürhaltens hier die deutsche Nation befähigt, einen besonderen Typus zu schaffen. Jedenfalls hat die deutsche Nation gerade eine Reihe von Autoren aufzuweisen, deren Eigenart hier in wirksamer Richtung vorgearbeitet hat.

* *
*

Habe ich vorhin versucht, die Eigenart einiger Nationen in wissenschaftlicher Richtung zu zeichnen, so darf ich vielleicht die Eigenart einiger deutscher Autoren in diesem Zusammenhange anschließen:

Wir können da keinen passenderen Autor an die Spitze stellen als unseren J. Kant. Kant hat in hohem Grade die Naturwissenschaften seiner Zeit beherrscht; er hat vor Laplace seine kosmologischen Studien über die Entstehung des Planetensystems veröffentlicht — Studien, auf welche die heutige Wissenschaft noch immer gerne und oft zurückgreift. Auf der anderen Seite hat er für den menschlichen Verstand die Untersuchungen angestellt, die für die physikalische Forschung ein gewisses Analogon in der Erkenntnistheorie aufweisen — wenigstens läßt sich die Sache für den Augenblick so ausdrücken.

Ich darf die Lehre von Kant über die Transzendentalität des Raumes und der Zeit als innere Anschauungsformen a priori hier als bekannt voraussetzen. In unserer Ausdrucksweise werden wir sagen können: Raum und Zeit sind nach Kant subjektive innere Anschauungen, denen eine eigentliche objektive Realität nicht entspricht. Auch Kants Auffassung von den Naturgesetzen wird hier berührt werden müssen; wir werden auch sie als subjektiv zu bezeichnen haben, wenn wir an den Ausspruch denken: Der menschliche Verstand schreibt der Natur ihre Gesetze vor.

Diese meine Bezeichnungsweise steht durchaus nicht im Widerspruch mit dem, was philosophischerseits als besondere Objektivität der Kantschen Forschung zum Ausdruck gebracht zu werden pflegt: das Organ der Forschung, den menschlichen Verstand als Objekt der Untersuchung hinzustellen. Es wird nicht geleugnet werden können, daß Raum und Zeit ihre subjektive Seite haben – darüber spricht bereits Newton – es wird auch nicht geleugnet werden können, daß die Naturgesetze ihre subjektive Seite haben. Aber der Physiker — das muß ebenso hervorgehoben werden, wir können wieder sagen in Übereinstimmung mit Newton — wird den Standpunkt nicht aufgeben können, daß Raum und Zeit, daß die Naturgesetze auch ihre objektive, reale Seite haben.

Ein anderer für uns willkommener Vertreter, den wir hier nicht übergehen dürfen, ist E. Mach. Die Phänomenologie Machs: die Lehre, daß die Erscheinungswelt das für uns wahrhaft Tatsächliche sei, möchte ich als einen anderen Typus des Subjektivismus hinstellen. Können wir Kants Subjektivismus als einen inneren bezeichnen, insofern er an innere Anschauungsformen des Verstandes, überhaupt an die innere Tätigkeit des Verstandes knüpft, — so können wir Machs Phänomenologie, welche an die Welt der Erscheinungen, also an die Welt der Sinne knüpft, Kants Lehre als einen äußeren Subjektivismus gegenüberstellen. Mach ist z. B. ein Gegner jedes atomistischen Standpunkts, insofern die Atomlehre jeder Phänomenologie widerstreitet. Von diesem Standpunkt aus dürfte Mach unzweifelhaft auch Gegner der modernen Elektronenlehre sein.

Richtig dürfte sein, daß die Erscheinungswelt den Ausgangspunkt der Forschung bildet. So wird es für die Darstellung auch sehr empfehlenswert sein, die Momente des wissenschaftlichen Systems recht hervorgehoben zu sehen, welche lediglich durch die Welt der Erscheinungen gegeben sind, — aber es dürfte als bedenklich empfunden werden: den durch die Schranken der Sinne bedingten und von ihr abhängigen Erscheinungskreis als erschöpfendes Material für eine wissenschaftlich objektive Behandlung hinstellen zu wollen.

Für das Studium der „Analyse der Empfindungen" erscheint die Hervorkehrung dieser äußerlich subjektiven phänomenologischen Auffassung von besonderer Wichtigkeit und Bedeutung. In diesem Sinne stellt Mach in den einleitenden „antimetaphysischen Vorbemerkungen" seiner Analyse der Empfindungen meines Erachtens zutreffend physikalische Anschauungen und Methoden den von der Physiologie der Sinne eingeschlagenen Methoden: die Empfindung an sich zu untersuchen — physikalische Anschauungen und Methoden gegenüber.[15] Aber auf die Dauer scheinen die Resultate seines Studiums der Analyse der Empfindungen einen derartigen Einfluß auf seinen weiteren Entwicklungsgang ausgeübt zu haben, daß er sie auf die physikalischen Anschauungen und Auffassungen unmittelbar übertrug.

Wir werden mit Stumpf „die Phänomenologie als eine bis zu den letzten Elementen vordringende Analyse der sinnlichen Erscheinungen in sich selbst" definieren können.[16] Es erhebt sich die Frage, ob eine solche Analyse vollkommen aller Elemente wird entraten können, in denen die Tatsachen der Schranken der Sinne ihren Ausdruck finden.

* * *

Um mich in einer Richtung wenigstens weiter veranschaulichen zu können, möchte ich noch der Darstellungen von Kirchhoff und Boltzmann über Mechanik gedenken[17] — allerdings an dieser Stelle nicht im Sinne einer Unterstützung des mir vorschwebenden Ideals. Gerade in der Darstellung der Mechanik von Boltzmann finde ich viele Ähnlichkeiten mit dem französischen Typus; auch bei Kirchhoff finde ich wie bei den Franzosen Fragen nach der Herkunft der Grundlagen vermieden.

Kirchhoff geht von vornherein davon aus, daß die Materie stetig — Boltzmann davon, daß sie atomistisch konstituiert ist. Die erwähnten Autoren lassen sich von dem Bestreben leiten, alle weiteren Aussagen mit mathematischer Strenge zu ziehen; man kann in diesem Sinne ihre Darstellung vielleicht als eine physikalische Mathematik bezeichnen. Nach der Übereinstimmung und der Beziehung dieser Konsequenzen mit der Wirklichkeit wird mehr gelegentlich und nachträglich gefragt. Es handelt sich um eine Art übertriebener Objektivierung, die erheblich über das Ziel hinausschießt und dadurch tatsächlich subjektiv wird. Die Extreme berühren sich hier wie so häufig.

Vom Standpunkt einer tieferen physikalischen Erkenntnis muß hervorgehoben werden, daß unzweifelhaft die Frage nach der atomistischen oder kontinuierlichen Konstitution der Materie für eine ganze Reihe von Erscheinungen ganz unwesentlich ist, daß es für die Erkenntnis aber außerordentlich wertvoll ist, die Erscheinungen zu unterscheiden und zu kennzeichnen, für welche die atomistische Konstitution von Bedeutung ist, für welche nicht. Die Frage nach den notwendigen und hinreichenden Bedingungen, die in der reinen Mathematik eine so große Rolle spielt, läßt sich für die Physik und ihre erkenntnisgemäße Darstellung unzweifelhaft hier noch sehr vorteilhaft verwerten.

Ich will endlich für unseren Zweck noch der Physik der Gegenwart gedenken. Die Entwicklung der physikalischen Wissenschaft hat uns in der Gegenwart vor eine ganze Reihe unerwarteter Fragen gestellt, von denen noch ein Helmholtz, Kirchhoff und Hertz sich nichts konnten träumen lassen. Auslösend hat hier die Entdeckung der Röntgen-Strahlen und der radioaktiven Eigenschaften gewirkt. Wenn auch manche anfänglich an die neuen Erscheinungsklassen geknüpften Spekulationen und Fragen — wie die Frage nach der weiteren Gültigkeit des Energieprinzips — über das Ziel hinausgingen, so läßt sich nicht leugnen, daß die ganze neuere Entwicklung der Physik in erheblichem Maße dazu auffordert, die Grundlagen der systematischen Physik einer neuen Durchsicht zu unterziehen. Die damit eingeleitete erkenntnismäßige Bewegung geht so tief, daß die bisherigen Grundbegriffe der Physik: des Raumes, der Zeit und der Masse dadurch in Mitleidenschaft gezogen erscheinen. Es kann gar kein Zweifel sein, daß diese Bewegung neue reiche Anregungen auch den Fragen zuführen wird, auf welche ich heute die Aufmerksamkeit zu lenken gesucht habe, den Fragen: welche Anforderungen erkenntnismäßig an die Darstellung eines physikalischen Systems gestellt werden müssen, vor allem ihrer Grundlagen, wenn dem Reichtum der Quellen Rechnung getragen werden soll, aus denen sie fließen, – Quellen, die nicht bloß aus der äußeren Wirklichkeit entspringen, sondern ebenso aus der Natur der menschlichen Fähigkeiten und Anlagen.

* *
*

Ich bin am Schluß. Wie ich am Anfang von allgemeinen Fragen ausgegangen, so will ich mit allgemeinen Fragen schließen:

So verschieden auch die Disziplinen sind, denen wir obliegen, so verschieden die Methoden, nach denen wir arbeiten — wir gehören alle einer Universitas an. Aber indem wir Glieder einer Universitas sind, haben wir zugleich die Pflicht, uns in irgend einer universellen Richtung als ihr zugehörig zu legitimieren. Diese universelle Richtung, in der über kurz oder lang jeder von uns einmal sich zu betätigen hat und betätigen muß, hat uns unser Spezialfach an die Hand zu geben, dann ist unsere Betätigung an der Universität eine wahrhaft philosophische — begründet auf dem Boden eigner wissenschaftlicher Arbeit und Erfahrung, wie sie allein wertvolle Beiträge zu einer wahren fruchtbaren Theorie wissenschaftlicher Erkenntnis beisteuern kann.

In dieser Hinsicht ist es mir eine besondere Freude, heute das Rektorat in die Hände eines Kollegen legen zu können, dessen Blick von jeher über sein Spezialfach hinaus auf das allgemein Philosophische gerichtet war. Der Umstand, daß ich meinen Ausgangspunkt von den Naturwissenschaften, mein Nachfolger seinen Ausgangspunkt von den Geisteswissenschaften genommen hat, kann hier nur zugunsten des Organismus, den wir „universitas literarum atque artium“ nennen, seine Verwertung finden — eine Bezeichnung, die doch kein leerer Schall sein soll.

Etwa tiefer liegende Unterschiede werden für Fragen, die hier zutage treten, weniger bedingt sein durch die Verschiedenheiten der Gegenstände an sich, mit denen die Naturwissenschaften auf der einen, die Geisteswissenschaften auf der anderen Seite es zu tun haben — mehr durch die Verschiedenheit der Auffassungen: welche Schätzung der Orientierung in der Geschichte der einzelnen Wissenschaft, der Erforschung früherer Leistungen Teil zu werden hat, welche Stellung allgemein philosophische Erwägungen den realen Erscheinungsgebieten gegenüber einzunehmen haben, die der Bearbeitung der Spezialwissenschaften obliegen.

Vielleicht nimmt mein hochgeehrter Herr Amtsnachfolger nach Jahresfrist diese Fragen von seinem Standpunkte in seiner Rektoratsrede auf. Insbesondere würde mich die Frage interessieren, ob er von allgemein philosophischen Erwägungen in sein Spezialgebiet hinabgestiegen ist — oder ob er, wie ich, von seinem Spezialgebiet aus einen erkenntnistheoretischen Vorstoß in das philosophische Gebiet zu machen versucht hat. Ist er einen analogen Weg, wie ich, gegangen, so zweifle ich nicht daran, daß unsere gegenseitigen Ausführungen mancherlei Berührungspunkte aufweisen werden.

Anmerkungen.

[1] Rector Magnificentissimus der Albertus-Universität ist seit März 1908 in Erinnerung an das 1808 beginnende Rektorat Friedrich Wilhelm IV Seine Kaiserliche und Königliche Hoheit Kronprinz Wilhelm.

[2] Carl Stumpf: Die Wiedergeburt der Philosophie. Rede zum Antritt des Rektorates der Königlichen Friedrich-Wilhelms-Universität in Berlin am 15. Oktober 1907. Leipzig 1907, S. 7, 20, 21, 28, 30.

[3] Meine Vorlesungen: Einführung in das Studium der theoretischen Physik, insbesondere in das der analytischen Mechanik mit einer Einleitung in die Theorie der physikalischen Erkenntnis. Leipzig 1900, S. 6 und folg.

[4] H. Hertz: Die Prinzipien der Mechanik in neuem Zusammenhang dargestellt. Leipzig 1894, S. 1 und folg.

[5] Meine Vorträge: Erkenntnistheoretische Grundzüge der Naturwissenschaften und ihre Beziehungen zum Geistesleben der Gegenwart. Leipzig 1896, S. 57 unten und folg. — Meine Bemerkungen über voraussetzungslose Wissenschaft an der zitierten Stelle waren lange geschrieben, bevor Th. Mommsen 1901 den Ausdruck der „Voraussetzungslosigkeit aller wissenschaftlichen Forschung" prägte. Ich stehe auch heute noch auf dem Standpunkt, daß die Prägung dieses Ausdrucks kein sehr glücklicher Griff war. Man vergleiche auch Reinke: Einleitung in die theoretische Biologie, Berlin 1901, Vorrede S. XI: „Keine Vorurteile, sondern Voraussetzungen! Vorurteilslose Forschung haben wir anzustreben, voraussetzungslose Forschung ist ein Unding. Jedes Vorurteil ist halb unbewußt, es beruht auf Unklarheit im Denken; eine Voraussetzung wird durch klares Denken im vollen Bewußtsein anerkannt." In diesem Zusammenhang sei auch auf die Doktorthese von H. Hertz aus dem Jahre 1886 hingewiesen: „Obgleich es verfehlt sein würde, im Verlauf einer Untersuchung eine vorgefaßte Meinung beständig festzuhalten, so ist doch im Beginn der Untersuchung eine solche vorgefaßte Meinung nicht nur nicht schädlich, sondern sogar notwendig."

[6] Ich denke hierbei besonders an Haeckel und seine Schriften. Man vergleiche auch die Fortsetzung der oben zitierten Stelle bei Reinke: „Alle unsere Vorstellungen und Urteile sind immer nur menschlich, wir mögen es anfangen, wie wir wollen, und ich habe vielfach bemerkt, daß diejenigen, die am lautesten auf den Anthropomorphismus schelten, besonders tief in anthropomorphen Vorurteilen befangen sind." Siehe auch meine Vorlesungen: Sachregister über Anthropomorphismus.

[7] In diesem Sinne würde die Physik des Altertums zu einem großen Teil als subjektivistisch zu bezeichnen sein. Subjektivistisch ist z. B. die Atomistik

des Altertums, die im Gegensatz zur modernen Atomistik als ein phantastisches Gebilde ohne innere reale Nötigung erscheint.

[8] Mein Vortrag: „Über Newtons Philosophiae naturalis principia mathematica und ihre Bedeutung für die Gegenwart." Schriften der physikalisch-ökonomischen Gesellschaft zu Königsberg i. Pr. 1898, und die einschlägigen Stellen meiner unter 3 zitierten „Einführung in das Studium der theoretischen Physik."

[9] Der Schein, daß sich Newton dazu bekannt hätte, ist in erster Linie durch die Vorrede entstanden, die Roger Cotes an der Spitze der zweiten Ausgabe der Prinzipien stellte, die zu besorgen ihn Newton beauftragt hatte.

[10] Ich behandle im folgenden den französischen und englischen Typus der physikalischen Darstellung anders als Duhem in seinem Werk: „Ziel und Struktur der physikalischen Theorien", deutsche Ausgabe, Leipzig 1908. Wenn Duhem von dem „starken aber begrenzten Denken" der Franzosen und von dem „umfassenden aber schwachen Denken" der Engländer spricht, sucht er den Unterschied lediglich von der intellektuellen Seite zu fassen, meines Dafürhaltens muß die Frage mehr von der psychologischen Seite angefaßt werden.

[11] Es handelt sich um die einfachen Integralausdrücke für das Potential geschlossener Stromwirkungen auf einen Magnetpol und auf andere geschlossene Ströme.

[12] Es handelt sich um die Aufstellung von Ausdrücken für elektrodynamische Elementarwirkungen bei Graßmann 1845 und bei Helmholtz 1870.

[13] Faraday ist mit seinen „Experimental Researches in Electricity" hierin ganz das Gegenstück von Gauß.

[14] Diese meine Ausführung ist unter enger Anlehnung des Ausdrucks gegen eine Stelle des Vorworts von Kirchhoffs Mechanik gerichtet. Man vergleiche auch meinen unter 8 zitierten Vortrag, S. 14 u. 15 des Sonderabdrucks.

[15] E. Mach: Die Analyse der Empfindungen. 5. Auflage. Jena 1906, S. 1.

[16] C. Stumpf in der unter 2 zitierten Rede, S. 28.

[17] Kirchhoff: Mechanik 1876. Boltzmann: Vorlesungen über die Prinzipe der Mechanik 1897.

Druck von Fr. Richter, G. m. b. H., Leipzig.

FSC
www.fsc.org
MIX
Papier | Fördert gute Waldnutzung
FSC® C083411

Zeitfracht Medien GmbH
Ferdinand-Jühlke-Straße 7
99095 Erfurt, Deutschland
produktsicherheit@kolibri360.de